MathStart®
洛克数学启蒙❶

马戏团里的形状

[美]斯图尔特·J. 墨菲　文

[美]爱德华·米勒　图

静博　译

认识形状

海峡出版发行集团
THE STRAITS PUBLISHING & DISTRIBUTING GROUP | 福建少年儿童出版社
FUJIAN CHILDREN'S PUBLISHING HOUSE

献给萨曼莎——新一代中的头号人物。

——斯图尔特·J.墨菲

献给克里斯滕·林恩·考克斯。

——爱德华·米勒

CIRCUS SHAPES

Text Copyright © 1998 by Stuart J. Murphy

Illustration Copyright © 1998 by Edward Miller III

Published by arrangement with HarperCollins Children's Books, a division of HarperCollins Publishers through Bardon-Chinese Media Agency

Simplified Chinese translation copyright © 2023 by Look Book (Beijing) Cultural Development Co., Ltd.

ALL RIGHTS RESERVED

著作权合同登记号：图字 13-2023-038号

图书在版编目（CIP）数据

洛克数学启蒙. 1. 马戏团里的形状 / （美）斯图尔特·J.墨菲文；（美）爱德华·米勒图；静博译. -- 福州：福建少年儿童出版社，2023.9
ISBN 978-7-5395-8087-6

Ⅰ.①洛… Ⅱ.①斯… ②爱… ③静… Ⅲ.①数学-儿童读物 Ⅳ.①O1-49

中国国家版本馆CIP数据核字(2023)第005298号

LUOKE SHUXUE QIMENG 1 · MAXITUAN LI DE XINGZHUANG
洛克数学启蒙 1·马戏团里的形状

著　　者：［美］斯图尔特·J.墨菲　文　［美］爱德华·米勒　图　静博　译
出 版 人：陈远　出版发行：福建少年儿童出版社　http://www.fjcp.com　e-mail:fcph@fjcp.com　社址：福州市东水路76号17层［邮编：350001］
选题策划：洛克博克　责任编辑：邓涛　助理编辑：陈若芸　特约编辑：刘丹亭　美术设计：翠翠　电话：010-53606116（发行部）　印刷：北京利丰雅高长城印刷有限公司
开　　本：889 毫米 ×1092 毫米　1/16　印张：2.5　版次：2023 年 9 月第 1 版　印次：2023 年 9 月第 1 次印刷　ISBN 978-7-5395-8087-6　定价：24.80 元

马戏团里的
形状

马戏团表演

马戏团来城里表演，我们一起跑去观看。

我们的座位在高高的地方。
演出马上开始，不早也不晚。

演出指挥坐着一辆有趣的小汽车来到舞台中央。

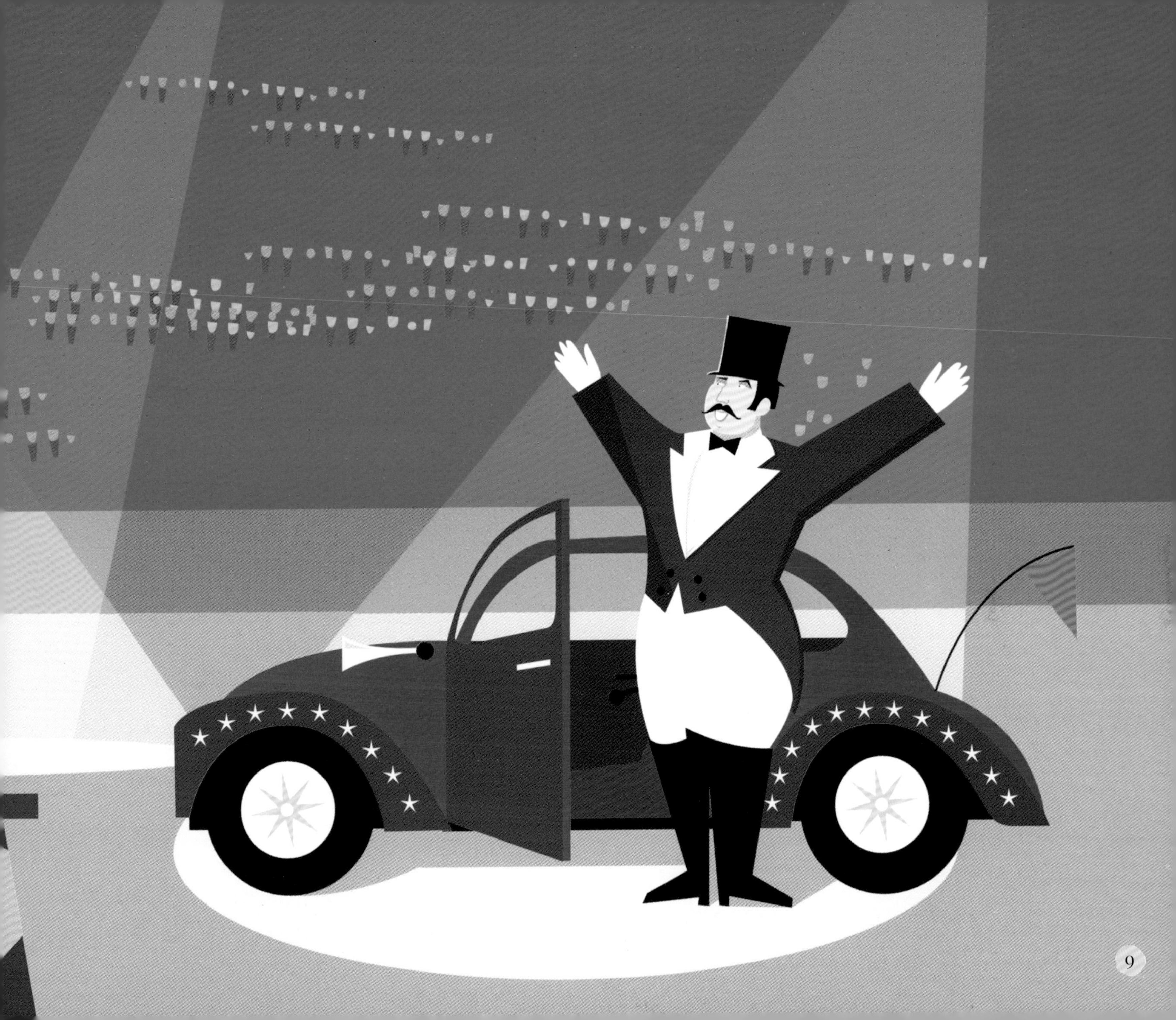

踩高跷的人走上台来。
他是马戏团里的大明星。

两头大象组成圆形拱门，其他大象穿过拱门，一圈接一圈地走着。

圆形

乐队开始演奏，
整个大帐篷里充满悦耳的声音。

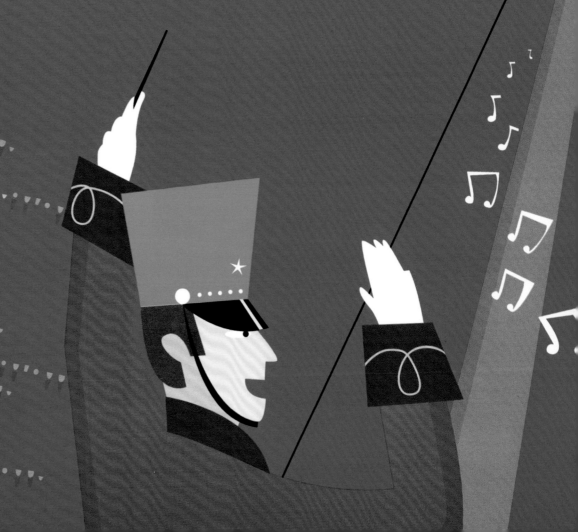

几匹白色的马组成了一个三角形——

它有三个角和三条边。

三角形

小丑们拉着小车在场地里走。

小车上坐着会跳舞的小狗。

猴子们一起组成了一个正方形。
它的四条边长度相同。

正方形

狮子们开始吼叫，
它们看起来一点都不温顺。

22

大熊们组成了一个长方形——

24

两条边短，两条边长。

长方形

杂技演员们随着《马戏团之歌》旋转、跳跃。

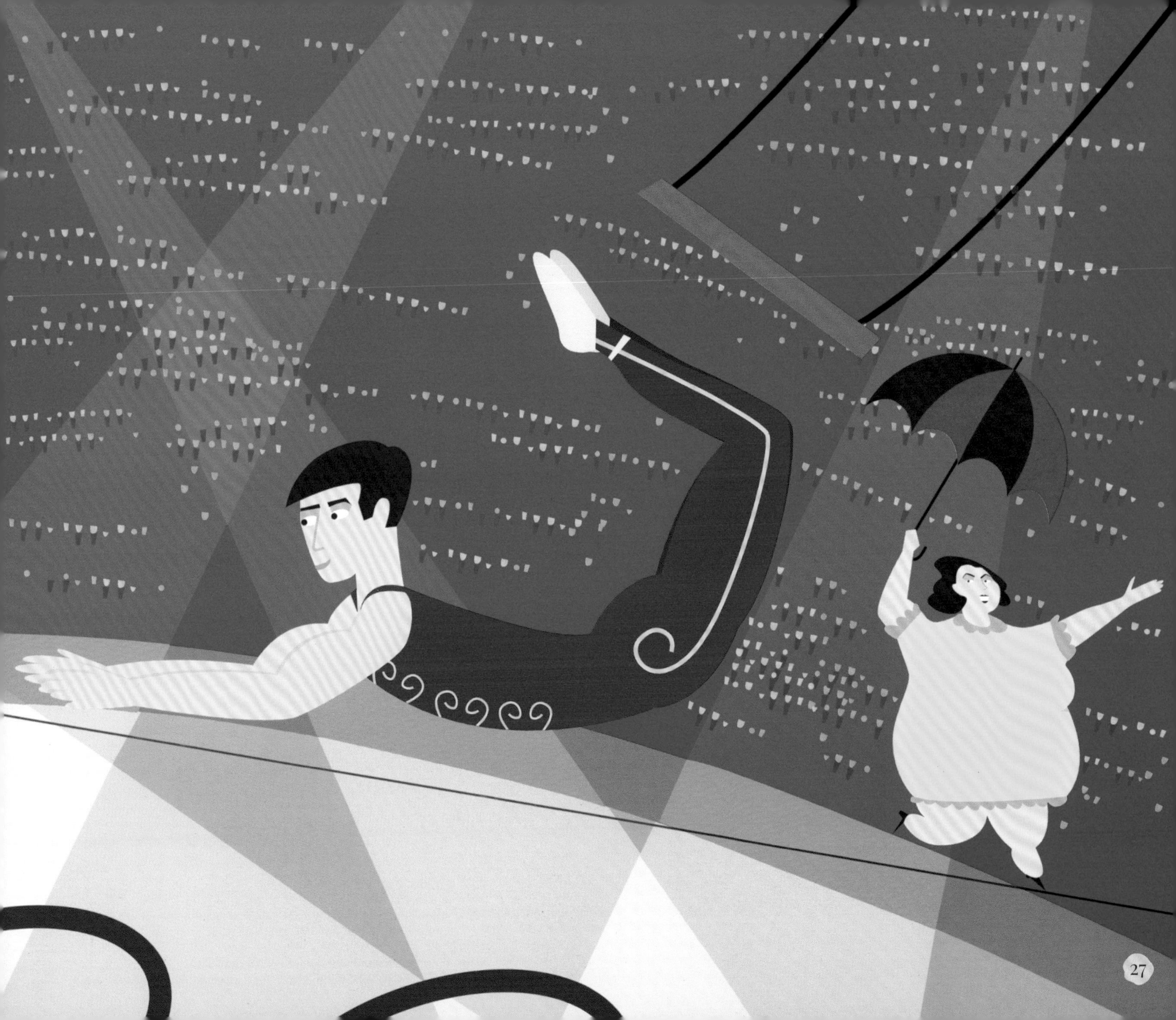

马戏团里，各种各样的形状无处不在。

帐篷里灯火通明。

你能在这里找到多少个
圆形 ●、三角形 △、
正方形 ■ 和长方形 ▭ ？

29

演出指挥吹响了手里的哨子。
今天的表演到此为止。

31

写给家长和孩子

对于《马戏团里的形状》所呈现的数学概念，如果你们想从中获得更多乐趣，有以下几条建议：

1. 和孩子一起读故事，描述每幅图中的内容。对孩子提出一些问题，如："猴子组成了什么形状？""什么形状有三条边？"

2. 鼓励孩子使用"圆形""三角形""正方形""长方形"这些词汇来复述故事。

3. 在家中寻找以下物品：手表或时钟表盘、纽扣、书籍、瓷砖、地毯、洗碗巾、窗户等等。说说它们中哪些是三角形，哪些是圆形，哪些是正方形或长方形。

4. 从彩纸或报纸上剪下各种形状，用这些形状拼出不同的图案，比如公鸡、雪人或小狗。你们也可以用它们拼出一座城堡、一个冰激凌，或是其他自己喜欢的东西。

5. 在家附近进行一场"形状大搜索"。画一个如右边所示的图表，鼓励孩子每观察到一个形状，便在表中相应的形状下方画一个标记，然后算一算这些标记的数量，看看每种形状各发现了多少个。

●	▲	▲	■
✓✓	✓✓✓✓✓	✓	✓✓✓

如果你想将本书中的数学概念扩展到孩子的日常生活中，可以参考以下这些游戏活动：

　　1. 零食大变身：三明治要怎样才能切成正方形或三角形？辨认一下饼干的形状，你能把一块正方形饼干咬成圆形或三角形吗？你能把一块圆形饼干咬成正方形吗？

　　2. 形状游戏：用纸剪出各种形状，并把它们平放在桌面上。一位玩家捂住眼睛，另一位玩家拿走一个形状，然后让第一位玩家睁开眼睛并回答"什么形状不见了"。

　　3. 睡前游戏：辨认一下你在睡觉前看到的形状：毛巾、肥皂或浴室里的镜子是什么形状的？你最喜欢的毯子是什么形状的？毛绒玩具的眼睛、鼻子、嘴巴又是什么形状的？你在床单或睡衣上看到了什么形状的图案？

洛克数学启蒙

《虫虫大游行》	比较
《超人麦迪》	比较轻重
《一双袜子》	配对
《马戏团里的形状》	认识形状
《虫虫爱跳舞》	方位
《宇宙无敌舰长》	立体图形
《手套不见了》	奇数和偶数
《跳跃的蜥蜴》	按群计数
《车上的动物们》	加法
《怪兽音乐椅》	减法

《小小消防员》	分类
《1、2、3，茄子》	数字排序
《酷炫100天》	认识1~100
《嘀嘀，小汽车来了》	认识规律
《最棒的假期》	收集数据
《时间到了》	认识时间
《大了还是小了》	数字比较
《会数数的奥马利》	计数
《全部加一倍》	倍数
《狂欢购物节》	巧算加法

《人人都有蓝莓派》	加法进位
《鲨鱼游泳训练营》	两位数减法
《跳跳猴的游行》	按群计数
《袋鼠专属任务》	乘法算式
《给我分一半》	认识对半平分
《开心嘉年华》	除法
《地球日，万岁》	位值
《起床出发了》	认识时间线
《打喷嚏的马》	预测
《谁猜得对》	估算

《我的比较好》	面积
《小胡椒大事记》	认识日历
《柠檬汁特卖》	条形统计图
《圣代冰激凌》	排列组合
《波莉的笔友》	公制单位
《自行车环行赛》	周长
《也许是开心果》	概率
《比零还少》	负数
《灰熊日报》	百分比
《比赛时间到》	时间